AF579619

PLAN ANDALUZ DEL AGUA

JOSÉ LUIS SÁNCHEZ-GARRIDO Y REYES

PLAN ANDALUZ DEL AGUA

EXLIBRIC
ANTEQUERA 2023

PLAN ANDALUZ DEL AGUA

Diseño de portada: Dpto. de Diseño Gráfico Exlibric

Iª edición

Editado por: ExLibric
c/ Cueva de Viera, 2, Local 3
Centro Negocios CADI
29200 Antequera (Málaga)
Teléfono: 952 70 60 04
Fax: 952 84 55 03
Correo electrónico: exlibric@exlibric.com
Internet: www.exlibric.com

ISBN: 978-84-19827-34-0
Depósito Legal: MA 822-2023

Nota de la editorial: ExLibric pertenece a Innovación y Cualificación S. L.

JOSÉ LUIS SÁNCHEZ-GARRIDO Y REYES

PLAN ANDALUZ DEL AGUA

1. Preámbulo

Primeramente, he de indicar que he realizado este escrito y lo he enviado a dos personas muy entendidas en la materia, de reconocida solvencia y con conocimientos en esta área, uno de Andalucía oriental y otro de Andalucía occidental, y se me contesta que les parece muy interesante y realista, bien, y que están muy de acuerdo con el contenido.

Dejo de enviarlo a otras personas más que tenía inicialmente previsto porque ya con lo recibido me parece suficiente, y para qué más, si voy a seguir pensando lo mismo, pues tengo las ideas claras sobre el tema.

Este escrito es un ensayo, es decir, un relato donde el autor —en este caso, yo— da su opinión sobre un tema concreto, sin más. Es decir, lo que piensa del mismo. Una opinión, ya a estas alturas de la vida; otras pretensiones no tienen sentido. Pero sí en algo, debe tenerse en cuenta mi trayectoria y experiencia en esta área.

2. El problema del agua en Andalucía

Es el principal de los que tiene Andalucía, no ya solo en este año, con la atroz sequía, sino que es un problema secular —es decir, que dura un siglo o varios—, ahora mucho más acentuado, obviamente, con unas consecuencias económicas terribles. Es el más severo problema, vivimos en nuestra siempre «sedienta Andalucía».

En Andalucía, el área principal es la agricultura, después el turismo, porque industria, lamentablemente, muy poca tenemos.

El agua de los hogares supone el 12 % del consumo total. En esta Andalucía con tan poca industria, estimo que no más del 13 % va para este fin. Así, entre uso urbano e industrial tenemos el 25 %, y la agricultura supone el 75 % del mal llamado consumo, porque una parte enorme no llega a la parcela de cultivo.

Pero, bueno, de alguna manera casi se ve la agricultura como la enemiga que quita agua, que debe ir al consumo, lo cual es un error de base muy lamentable, lo iremos viendo, cuando, precisamente, es la agricultura el pilar de la existencia humana.

En esta cuestión del agua hay siempre, salvo excepción, objetivos cortoplacistas, parches, apaños del momento, callar bocas y soluciones muchas veces más políticas, para ganar votos, que lógicas.

Y el agua es un tema absolutamente largoplacista, que requiere tener ideas claras y objetivos muy definidos a largo plazo y, sobre ellos, ir subiendo peldaños. Evidentemente, con las actualizaciones que cada periodo de tiempo requiera.

3. La revolución del riego por goteo

Sí, miren ustedes, como bien sabemos estamos en un período de enorme sequía, y esto me hace recordar otras épocas como 1992, el año de la Expo de Sevilla, cuando no cayó ni una gota durante todo el año, y 1993, prácticamente irrelevante de lluvia.

La reacción fue clara y rápida por parte del agricultor andaluz, que es moderno y adelantado, y dio un paso de gigante en la sustitución de los riegos a pie, o también llamados por gravedad tradicionales, que se transformaron en riegos por goteo, cuyo consumo de agua es un 70 % más bajo que en riego a pie.

La reacción fue inmediata y, desde luego, sorprendente, impresionante y sin parangón. Fue la gran lección aprendida de la sequía y el gran impulso de los riegos por goteo en España, donde en Andalucía somos líderes.

Después, si los números no me bailan, hubo otra sequía en 2005, y aquí ya el espaldarazo definitivo al cambio de riego por goteo para los reticentes que se habían resistido al cambio.

Hoy Andalucía tiene la barbaridad del 42,5 % del total nacional de riego por goteo, próximo a la mitad del total de España (Encuesta sobre Superficies y Rendimientos de Cultivos en España, 2021, Ministerio de Agricultura, Pesca y Alimentación), cifra tremenda que denota el espíritu innovador de nuestro sufrido agricultor y el esfuerzo económico que realiza el agricultor andaluz, al que no se le reconoce su esfuerzo y dedicación como es debido.

Miren, francamente, yo me precio de conocer el campo de toda Andalucía, por mi trabajo de más de cincuenta años, y de tener una visión muy clara del mismo, y también de buena parte de España, pero centremos el tema en nuestra Andalucía.

Ocurre siempre lo mismo: a los grandes problemas se les buscan soluciones.

Bien es verdad que muchas instalaciones de riego por goteo, inicialmente, se acometieron sin experiencia y por aficionados, no técnicos experimentados —es lo que había o se disponía—, y buscando la inversión más económica como premisa básica, pues la incertidumbre de la respuesta al cambio por los cultivos se temía muy dudosa, no eran los tiempos actuales, aparte de por limitaciones económicas que obligaban al endeudamiento inexorablemente.

Tampoco se podía hacer otra cosa, y de ahí y con el avance tecnológico habido, hay muchas instalaciones que son, vamos a llamar, antiguas, han quedado obsoletas.

Para muestra, un botón. Ejemplo hoy son los goteros que se instalan, que son autocompensantes, es decir, se abren de forma automática a una determinada presión y fluye en cada uno la misma cantidad de agua, ya esté en lo alto de un cerro que en la parte baja. Esto con los goteros antiguos no ocurre.

Hay comunidades de riego mal diseñadas, donde no se puede controlar el consumo de agua de cada comunero, por ejemplo.

Instalaciones de riego que, al cortar el mismo, sigue regándose hasta que quedan vacías todas las tuberías de agua, por carecer de goteros adecuados actuales que, cuando baja la presión, dejan de soltar agua y quedan las tuberías llenas.

Hoy hay contadores de agua digitales, que permiten enviar al centro de datos el consumo exacto de agua de cada agricultor.

Hay tensiómetros con medición de presión automatizada, sondas para solo regar cuando la humedad del suelo así lo requiera, medidores automáticos de niveles de almacenamiento de agua, es decir, la «agricultura de precisión» o gestión digital del campo, alejada de lo tradicional, que aunque se piense que son tintes futuristas, la realidad es que se trata de una actualidad ya controlada, que permite utilizar menos agua con más rendimiento.

También se debe hacer una fertilización sensata y lógica, y no el desmadre anarquía, consecuencia, sencillamente, de la falta de conocimiento en la nutrición vegetal, que hace abonar «cuando uno piensa que hay que hacerlo», sin criterio técnico alguno que hoy la tecnología permite, para cuidar el medio ambiente y, por supuesto, el bolsillo.

Vamos a ver, gran parte de lo que hay hoy necesita reinstalarse de nuevo, en muchos casos, y en otros se requiere importantes mejoras de adaptación a la tecnología actual, mucho más eficiente, lo cual requiere inversiones que, en la mayoría de los casos, no se pueden afrontar por el agricultor y se sigue con lo que hay, que no es lo lógico.

Incentivar, cambiar riegos por goteo ya antiguos por otros de tecnología más avanzada y de menos consumo de agua y menor consumo energético es un paso necesario.

4. Datos importantes de riegos andaluces

Según la Encuesta del Ministerio reseñada anteriormente, la superficie total de riego en España es de 3 877 901 hectáreas, de las cuales de riego eficiente son un 77,72 %, es decir, 3 013 765 hectáreas.

El total de la superficie andaluza es 87 598 kilómetros cuadrados, es decir, 8 759 900 hectáreas. Por tanto, se cultiva el 43,3 % de la superficie total. El resto son montañas, carreteras, ciudades, parques naturales y un largo etcétera. Es de pensar que en años futuros la superficie total cultivada por consiguiente disminuirá y habrá abandono de zonas cultivadas en pendientes muy inaccesibles, que hacen que no se pueda mecanizar o sea muy difícil esta tarea, por lo que su futuro es incierto. En fin, estimo que, junto a los parques solares, es posible que en próximos años veamos reducir la superficie cultivable al 35 % de la total, porque la tierra agrícola no da más de sí y los servicios urbanos aumentan.

Se entiende por riego eficiente los riegos por goteo y por aspersión en sus diferentes modalidades; el resto es riego antiguo a pie. El riego a pie es el ineficiente de alto consumo de agua y, por tanto, no deseable, así se le denomina al mismo.

En Andalucía tenemos 1 123 547 hectáreas de riego (28,97 % del regadío total nacional), de las cuales 984,810 hectáreas son de riego eficiente (un millón en números redondos), y el resto, 138 738 hectáreas, es riego a pie.

Poseemos en Andalucía el 88 % de riego eficiente, el porcentaje más alto de España. Este dato conviene tenerlo a mano, dice mucho y positivo del agricultor andaluz.

Del porcentaje de riego eficiente andaluz, solo hay 69 177 hectáreas de aspersión fija y 16 152 hectáreas de aspersión automotriz; el resto, 899 481 hectáreas, prácticamente novecientas mil, es riego por goteo, que nos convierten, sin duda, en la zona con más superficie de riego por goteo del mundo.

No estamos atrasados, como sin base y sin sentido se escucha de inaprensivos que hablan sin saber. Somos, tradicionalmente, los andaluces en la historia de los más cultos de España, desde tiempo anterior a los romanos, como la historia explica de forma clara y rotunda.

La superficie de riego en Andalucía es el 31,84 % del total cultivable. Cada tres hectáreas cultivadas, una es de riego. Conviene meditar estas cifras, fijarlas en la cabeza, son muy significativas. Sabiendo, en general, que de un secano poco se puede esperar, en un clima como el nuestro.

En las zonas frescas, que son pocas, llama la atención cómo se está plantando en tiempos actuales olivar superintensivo de secano, en lugar de cereales de rendimiento económico, vamos a llamar, irrelevante. Esta superficie novedosa de olivar superintensivo en secano se acerca ya a las 25 000 hectáreas, un dato asombroso y al alza y me atrevo a decir que bastante desconocido.

Un nuevo cultivo, sin vida no vegetal, son los «campos solares», que, teniendo un sol andaluz importante, es un recurso que hay que aprovechar. Lógicamente, ha de ser en tierras pobres de escaso o nulo rendimiento agronómico y que tenga el menor impacto paisajístico en lo posible. Una pregunta: ¿sabemos la superficie total de parques solares a implantar en Andalucía a largo plazo? ¿10 000 hectáreas? ¿20 000 hectáreas? ¿Sabemos la potencia eléctrica que generaría ello? ¿Van a estar dispersas por toda Andalucía o se concentrarán en áreas concretas? Lo lógico sería elaborar un plan a largo plazo.

Me duele, y mucho, lo que observo: una continua crítica hacia el campo, en gran parte en redes sociales, opiniones con falta de conocimiento absoluto que se basan en informaciones incorrectas, tendenciosas, sin fondo o como queramos llamarlas, que hacen ver un panorama falso que no tiene absolutamente nada de parecido con la realidad, aunque, obviamente, como en todo, haya excepciones.

España es el primer país con más hectáreas de riego por goteo del mundo, donde más se aprovecha el agua, y Andalucía está próxima a la mitad del total de España, esto conviene saberlo. Tenedlo claro, somos líderes.

5. La politización del agua

En cuanto a Doñana, es un tema politizado, en mi opinión, porque desde hace muchos años se viene regando cercano al coto desde siempre. Hay pozos que no están legalizados desde hace cuarenta años y ningún Gobierno ha hecho nada, por no complicarse la vida. Un tema ilegal admitido, y así durante años y años, y ahora tratan de poner orden para no seguir haciendo la vista gorda ilegal.

Se pretende dar soluciones y que todo funcione dentro de la legalidad, y no ilegalmente en su inmensa mayoría, cuando la ilegalidad es la norma, el crecimiento ilegal es obvio. Hay muchas personas que viven de la agricultura en aquella zona. ¿Qué hacemos?

Pero con los partidos políticos ya sabemos lo que ocurre, lamentablemente, que en vez de resolver las cosas en común y analizar el problema, se dedican a atacar unos a otros para hacer el mayor daño posible al opositor. Lamentable y triste el espectáculo que nos dan.

Lo lógico es resolver el problema histórico, en vez de dejarlo sin solución, y es un error sabiendo que se está haciendo la vista gorda y, como el problema es grande, no acometerlo, como viene ocurriendo desde hace muchos años atrás. La solución de hacer la vista gorda no es la más adecuada, es la causa de problemas importantes, en este y en otros casos.

Por ejemplo, si mantienes una fábrica o almacén distribuidor abierto porque legalizarlo sería, seguramente, cerrarlo por lo muy atrasado que se ha quedado. Pues se prefiere hacer la vista gorda en algunos casos que he visto porque cerrarlo supondría perder puestos de trabajo, lo cual es incongruente. La ley está para cumplirla todos, y si se ve errónea, pues cambiarla.

Si la Administración permite, conociendo la situación, tener abiertos negocios ilegales, mal actúa, ya que los mismos están haciendo competencia desleal a los que se esfuerzan en cumplir las normas, que son los que reciben las inspecciones, porque los ilegales no figuran ni en los censos o se mira en muchos casos a otro sitio.

6. La exasperante lentitud o, diría, casi parálisis de la Administración con el agua

Dentro de la Administración del Estado, hay organismos o instituciones que funcionan muy bien o bien, pero hay otros que..., ¡madre mía!, te puedes morir aburrido de la enorme lentitud, tremenda, exasperante... Lógicamente, si es que contestan alguna vez. Dentro del grupo de lo que no funciona o muy mal, está el problema del agua. Como si fuese un tema sin solución. Hay una falta de eficacia por parte de la Administración en algunos sectores, algo increíble y tremendo.

Un amigo mío presentó su proyecto en 2007 de riego, coherente, disponiendo de agua y con poco consumo de esta. Alguna vez le han pedido alguna aclaración, que contestó, pero estamos en 2023 y no tiene noticias de su petición y, por tanto, no puede ejecutar el proyecto, obviamente. No se ha denegado, no se ha aprobado. Ahí está, como tantos otros muchos, y se está desaprovechando.

Otro amigo construyó un pozo hace veintitrés años y peticionó su legalización sobre la marcha, y hasta ahora, sin noticia alguna. Esto no son casos aislados, me atrevo a decir que ocurre en la inmensa mayoría.

Estimo que no se puede legalizar un pozo, hasta que no esté construido, porque en muchísimos casos no se encuentra agua. Supongo que después de encontrar el agua, es cuando se inicia la documentación de legalización, que, si no se te contesta, no puedes utilizar el pozo y se pasan años, y si al final terminas, en algunos casos, utilizándolo, eres un «ilegal», cuando no se te ha contestado ni que no, ni que sí.

Bueno, yo vi de cerca los trámites para conseguir la legalización de un pozo existente. Para conseguir su legalización con bajos caudales anuales, contador, etc., se tardó muchos años, sin dejar el tema ni un momento y estando sobre él de forma obsesiva y permanente, insistente, como si no hubiese otra cosa que hacer en el mundo. Es como meterse en un túnel donde no se sabe si hay salida alguna vez, pues no se ve el final del mismo, la luz, por muchos años que transcurran.

Ya no sé si es por falta de personal en la Administración, en los organismos responsables. En fin, la lentitud es más que tremenda, no sé si lentitud, parálisis, colapso y los expedientes se agolpan, se amontonan. Acongoja ello. Quizá su forma de actuar es no actuar, salvo algún caso que otro.

Un buen amigo y muy recordado, de gran renombre en el mundo agrícola y que lamentablemente falleció hace algunos años, don Miguel Pastor Muñoz-Cobo, un referente incuestionable en el mundo del olivo a nivel internacional, en tono un tanto jocoso al respecto, me comentó como en Úbeda había —ya no sé si continúa la misma en la actualidad— una asociación legalmente establecida de pozos ilegales en la Loma de Úbeda, con el objeto de procurar su legalización.

Ningún empresario quiere estar ilegal, por supuesto, esto es claro. Es incertidumbre, riesgo, espada de Damocles encima. Son los primeros, por razones fáciles de entender, que quieren estar debidamente legalizados, pero son temas que vienen «de siempre» y no se les da solución alguna de ningún tipo, ni buena ni mala, ninguna, y así vamos.

En fin, esto es así y la Administración tiene que tomar medidas para dar solución al problema, medidas que pueden ser bien o mal acogidas, pero es necesario ordenar, sistematizar y controlar para que haya un futuro ordenado, y no el tremendo caos actual.

La ley está para ser cumplida por todos, empezando por la propia Administracion e instituciones públicas, así como organismos, vamos a llamar, paraestatales o cercanos a la Administración. Es inconcebible que en ocasiones esta no cumpla las normas que ella misma ha dictaminado, y sí la haga seguir al empresario cumplidor.

7. El agua para la población

Creo que para beber nunca faltará agua, pues ya con las desaladoras, utilizando el agua de mar, el tema del agua —al menos de uso doméstico— está resuelto, y para riego costero también, si bien el agua tiene más alto precio. O bien plantas de osmosis no costeras de aguas salobres. Otra cosa es la infraestructura que ello necesita en plantas de osmosis y conducciones hacia las poblaciones.

Nosotros, los antequeranos, tenemos el acuífero subterráneo de nuestra maravillosa sierra del Torcal. Agraciadamente y hasta ahora, nunca nos ha faltado el agua para la población, llueva o no. Es agua urbana, industria consumidora de agua. Es irrelevante el Río de la Villa, con las perforaciones en su mismo nacimiento, en su corto recorrido hasta su desembocadura en el Puente de Lucena (Antequera); nos lo estamos cargando como tal río, por lo que es necesario encauzarlo, tener agua casi estanca, con poco caudal vivificador, pero que mantenga la zona con su río histórico.

Bueno, el río está seco en la actualidad, las bombas extractoras sacan el agua del nacimiento de la villa, sin caudal ecológico, pero esto es otra historia. Antequera necesita otros acopios de agua además de los actuales, para que el río de la villa siempre tenga su caudal ecológico durante todo el año y permita utilizar aquella preciosa zona con el respeto y la atención que por su historia y microclima le corresponde.

Pero el tema de suministro de agua urbana es otra historia que no tiene nada que ver con este ensayo.

8. Las depuradoras de las poblaciones

Por otra parte, he leído, hemos leído que en muchas ocasiones, en años atrás, ciertas cantidades de dinero en Ayuntamientos que estaba presupuestado para depuradoras y concedido para ese fin se han gastado para otras cosas, y numerosas depuradoras que debían estar no están, y sí constan como cobradas las subvenciones. Y aquí no ha pasado nada. Sobre esta noticia, la prensa se ha hecho eco en numerosas ocasiones, lo cual es un sinsentido aberrante. Esto es lo que he leído.

Y, aparte de ello, hay muchos casos de depuradoras de aguas residuales de las poblaciones en las cuales el agua de estas se vierte al río una vez depurada, y si están en territorio costero, directamente va al mar.

En lugar de tener canalizaciones para su uso agrícola, como debe ser, falta la infraestructura en estos casos, lo cual me parece un auténtico disparate, depurar para tirar el agua depurada al río o al mar. Claro, para hacer la infraestructura que permita usarla para riego hacen falta inversiones de cierta importancia, y la vida continúa y los años pasan. Supongo que estas depuradoras harán su trabajo bien, pero a lo mejor no perfecto. Total, es para tirar de nuevo el agua al río.

Miren, oigo, por ejemplo, que en Carmona hay un proyecto para poner 600 hectáreas en riego con agua de la depuradora. Está el proyecto, pero ¿cuándo se efectuará?, ¿cuántos años hacen falta?, ¿diez, quince? Increíble, tirar el agua depurada al río, en vez de regar 600 hectáreas, con la mano de obra que se crearía y el aumento productivo y riqueza consiguiente.

Bueno, hagamos un inventario de las plantas depuradoras andaluzas y de las que tienen instalaciones para llevar el agua al campo y ser utilizada en riego. Un ejercicio muy interesante. Sin duda, escalofriante.

¿Cuántas hectáreas se podrían regar con el agua de las depuradoras que no tienen infraestructura para utilizarlas en riego?, ¿20 000 ha, 30 000 ha o más hectáreas? No lo sé, me temo que no lo sabe nadie. Así vamos. Y este dato es fundamental.

Tampoco sé cuántas depuradoras hacen falta en Andalucía para completar el mapa y cuánto se puede regar con ellas. No sé si alguien lo sabe.

9. Demolición de presas

Miren, cuando oigo o leo noticias acerca de demolición de embalses, es que no me lo acabo de creer, quiero entender que es un mal sueño. No me cabe en la cabeza.

Es lógico que no toda el agua se pueda embalsar, porque además no es posible, y que haya caudales «ecológicos» para mantener el río con vida. Lógico, natural y normal. Pero de eso a derribar presas, pues no lo entiendo.

Hemos de construir más presas, sobre todo en esta Andalucía nuestra, con clima similar al africano del norte, y embalsar agua cuando no tiene aprovechamiento y guardarla para regar.

Cuando leo, no sé si fue en 2021, que se han demolido ciento ocho embalses en España, me pregunto: «Dios mío, de ser esto verdad, ¿en qué país estamos?». Eso no puede ser verdad.

Miren, hay que ver cómo se pueden impermeabilizar los embalses de agua, como forma de evitar enormes pérdidas de la misma e ir incentivando qué tecnología podemos usar para disminuir la evaporación.

10. Insolidaridad entre comunidades autónomas

La insolidaridad sobre el agua entre comunidades autónomas como tiene España y que cada una haga la guerra por su cuenta, sin un plan nacional por encima de las mismas, es difícilmente entendible. Es decir, mejor tirar el agua al mar que entregarla a una comunidad autónoma vecina. ¿Es posible esta barbaridad? Evidentemente, predominan los intereses políticos, y no los técnicos. ¡Qué pena que la lógica sea aniquilada por la política! Parece como si anduviéramos camino de despedazar España. Es algo que no llego a entender y, en mi opinión, absurdo e incomprensible.

11. Las balsas son básicas

Hace unos años se me informaba de que junto al río Guadalquivir se ha construido una serie de grandes balsas (acumulación de agua fuera del cauce), que son distintas a los embalses (acumulación de agua mediante presas en el cauce), para ser llenadas cuando el agua sobra en el río, por ejemplo, tras unas fuertes lluvias.

Es estupendo, cuando el río lleva agua en invierno con las lluvias —cuando llueve—, llenar las balsas, aparte del agua de lluvia que caiga en las mismas, y almacenar para la temporada de riego. De las mismas sale agua a presión y filtrada al agricultor con contadores electrónicos. ¡Fantástico! La iniciativa privada tiene que ver mucho con esto.

En la provincia de Jaén, me llama mucho la atención la gran cantidad de balsas que tiene, algunas de tamaño importante para un mejor aprovechamiento, almacenando cuando se dispone de agua.

Cuidar el agua es fundamental, pero hacen falta grandes inversiones, por lo general, y utilizar bastante tecnología, las dos cosas conjuntamente. Sin inversión y sin tecnología, pues hablamos filosofías etéreas.

12. El mayor problema actual, las malas conducciones de agua a las fincas

Miren ustedes, el problema principal del agua agrícola en Andalucía son las conducciones de la misma, que son antiguas, algunas del tiempo de los romanos y otras más recientes, pero también trasnochadas, y otras rudimentarias. Evidentemente, así nos va.

Miren, un poco menos de la mitad del agua agrícola, un 45 %, no llega a la parcela, se pierde en el camino porque las conducciones son de risa, y se pierde por filtraciones. De este grave problema candente nadie habla y es una barbaridad.

Señores de la Administración, pongan conducciones modernas de las que no se pierde una gota, tendremos así mucha agua para regar.

Está muy claro que es muy urgente sustituir las conducciones de agua por las modernas de tubería de polietileno, electrosoldado, presurizadas y enterradas, que no pierden ni un centímetro cúbico y no son rígidas, flectan lo suficiente y no se rompen, y con contadores volumétricos inteligentes que detectan fugas, en su caso.

13. Eliminación de riego a pie y, en lo posible, también el riego por aspersión

La superficie de riego a pie o por gravedad, aunque se ha reducido de forma tremenda, debe fijarse un plazo para que se termine y se liquide de forma total. La misma en Andalucía es, ni más ni menos, que 138 738 hectáreas, y con el agua de estas se pueden regar 500 000 hectáreas por goteo.

Y, bueno, en esta Andalucía nuestra de tan poca agua, aunque pueda parecer una barbaridad, conviene ver en todo lo posible la sustitución del riego por aspersión en sus diferentes modalidades por el riego por goteo, mediante ayudas al respecto, por el menor consumo de agua, y minimizar el riego por aspersión. Evidentemente, en los cultivos que sea posible.

14. Automatización y robotización

La tecnología del agua está muy desarrollada, con sus contadores digitales, medidores de velocidad, medidores automáticos de pH, medidor de conductividad y sondas de medición automática del grado de humedad en el suelo.

Lo que hoy está claro es qué ha de hacerse para hacer las cosas bien y tener una nutrición eficiente, teniendo en cuenta la riqueza del agua, y no abonar a ciegas por presentimiento o porque «yo creo que», con lo cual la muy denostada contaminación se elimina.

Con instalaciones de abonado, que permitan el uso mínimo y optimizado de los mismos, donde queda mucho por recorrer. Instalaciones de abonado con abonos líquidos, preferentemente, y automatizadas. De estas instalaciones, en Andalucía hay pocas con el grado tecnológico actual. Conozco muchas, y en su generalidad son embrionarias y obsoletas.

En la nutrición tecnificada en riego por goteo, mucho nos queda por avanzar, para lo cual el agricultor necesita cursos de información técnica y su formación en los mismos, asignatura pendiente muy importante.

Aparte de ello, ya en muchas fincas, en áreas amplias, cada agricultor tiene su contador inteligente, no hay que ir a leer lo consumido en el centro de datos de la comunidad de riegos moderna correspondiente, tienen los consumos sobre la marcha. No necesitan ir al terreno para comprobar su lectura de consumo, esto ya lo tenemos en comarcas andaluzas concretas. Debe estar, obviamente, generalizado.

En el abonado de precisión moderno, la instalación de medidores de pH y de conductividad son requerimientos indispensables que, en mi opinión, deben ser obligatorios. Es fundamental para el abonado correcto en dosis de precisión, así como instalaciones de fertirrigación, accesibles, idóneamente diseñadas y automatizadas, y no con métodos rudimentarios, donde no se ahorra, se pierde dinero y es lo que está prácticamente generalizado.

15. Evolución a riegos con cada vez menos consumo de agua

A mí me llama mucho la atención desde sus inicios, hace muchos años, el riego por exudación en cinta porosa enterrada. Desde sus inicios heroicos en Huelva, en Lepe, liderados por aquel buen y futurista empresario, don Faustino Martín, lamentablemente ya desaparecido. Junto a sus socios y su equipo, y junto a mí y mi equipo en Cros, iniciamos los abonos complejos líquidos en España.

Hoy día veo el avance de tubos de polietileno, que tienen integrados goteros, y cómo los rollos de tubo son extendidos y enterrados de forma sencilla por maquinaria adecuada. Tienen menos consumo de agua, no hay evaporación alguna, y es una instalación más fácil y económica, que está teniendo desarrollo en diversas áreas, sobre todo en olivar.

En definitiva, se tiende claramente al menor consumo posible de agua. En mi opinión, si junto a esta instalación se colocase un cordón de polímeros porosos y ácidos húmicos que actúen como baterías, se adelantaría bastante.

En conclusión, se avanza y mucho en la tecnificación, que debe ser implementada con ayudas correspondientes. Ahora bien, antes de esto están las conducciones del agua a la finca, porque si en las mismas se pierde casi la mitad, poco hemos hecho, y esto es tema de la Administración. Esto es lo primero que se debe resolver.

16. Necesidad de un Plan Andaluz del Agua

Vamos a ver, se necesita un plan lógico. La superficie de riego en Andalucía debe aumentar, lo cual parece una barbaridad, y ello no implica que el consumo de agua aumente, sino que sea más eficiente. Y, además, generar nuevas alternativas de aprovisionamiento de agua.

Mediante una buena gestión e inversiones, podría todo hacerse mejor, duplicando en Andalucía la superficie de riego por goteo, con los consumos totales actuales disponibles. Con ello, el PIB de Andalucía aumentaría sensiblemente... ¡Que buena falta le hace!

Aumentaría realmente el empleo de forma importantísima. Daría un empujón a industrias agrícolas, de maquinaria y de desarrollo en general. Aprovecharíamos mejor nuestro clima y nuestra tierra para abastecer una mayor cuota del mercado europeo. Aprovecharíamos mejor nuestros recursos de sol.

Todo, evidentemente, en una agricultura sostenible, como se dice ahora (no entiendo lo de agricultura sostenible; si fuese insostenible, no sería posible), y respetuosa con el medio ambiente; creo que *medio ambiente* no es la mitad del ambiente, sería más correcto simplemente *ambiente*.

Nadie duda de que hay que cuidar el ambiente, no nos lo tienen que repetir todos los días, sino resolver los grandes temas pendientes para poder hacerlo.

¿Qué agricultor no cuida el medio ambiente? Ya los productos fitosanitarios, en su inmensa mayoría, han sido eliminados por la Comunidad Europea, solo quedan algunos que necesitan mil autorizaciones y empresas especializadas, para cultivos concretos, básicamente forestales. Esto creo que, en general, no se sabe y se piensa con lo que ocurría hace ya no pocos años.

Pero dejemos la política aparte, empleemos la lógica en la gestión del agua, en vez de ser un arma entre partidos. Dejemos que el plan lo hagan los técnicos, que para eso están. Un plan para toda Andalucía.

Hagamos las cosas bien y punto. Y para ello hace falta un plan ambicioso y completo: Plan Andaluz del Agua.

El Plan Andaluz del Agua moderno requiere grandes inversiones para que el agua se pueda acumular, dejando caudales ecológicos, por supuesto, y, sobre todo, una red de distribución de agua eficiente y de almacenamiento, aparte de un uso en la finca moderno, ya comentado. Todo lo que se cobre por agua agrícola que vaya a inversión en el Plan.

Vamos a ver, hagamos un plan de cómo las cosas debiesen ser, cómo las queremos, y valorarlo. Lo primero es disponer de un plan estimado para tener claros los objetivos. Ejecutarlo después ya es otra cosa, es ver cómo se aborda, en cuántos años y cuánto del mismo vamos a dejar aparcado.

Evidentemente, es básico tenerlo consensuado entre los partidos políticos para que cuando se cambie de partido gobernante, no se rompa lo hecho anteriormente, como en tantas cosas vemos continuamente, en este espectáculo de desafueros donde los ciudadanos no tenemos nada que hacer y donde vemos cómo se despilfarra el dinero en inversiones no finalizadas y canceladas.

Primero debemos tener claro lo que queremos y después, ya en una segunda etapa —pero en segunda, no en primera—, ver cómo el plan se puede desarrollar.

Mientras sigamos con los parches apoyados por el desconocimiento brutal de la mayoría, manifestado en redes sociales, donde se ve claramente, pues se crea un clima que no conduce a ninguna parte positiva, con un lío de espanto y, por supuesto, poniendo mal al agricultor, más que inmerecida, injusta y lamentablemente, dando por malo lo bueno, no avanzaremos.

Con lo expuesto, estimo que la producción agrícola de Andalucía alcanzaría cotas muy altas, estimando, a vuelapluma, un aumento del PIB agrícola de un 40 % y la creación de muchos puestos de trabajo, no solo en la agricultura, sino lo que conlleva en industrias auxiliares, transportes, etc., como tema realista, porque continuamente uno lee anuncios de acciones políticas que indican la creación de un alto número de puestos de trabajo, que entiendo no son creíbles ni por ellos mismos, cuando los puestos de trabajo no los crean los políticos, sino los empresarios».

17. Reflexión final

Lo escrito es lo que opino del tema; eso sí, basado en más de cincuenta años de mi experiencia laboral. Por si sirve para algo, aunque ya la valoración de la experiencia ha dejado de tener valor o se valora muy poco en más que muchos casos.

El mundo ha cambiado mucho y sigue cambiando tremendamente. No me quejo de ello, ni mucho menos, es así y ya está, no puede ser de otra manera.

He dado mi dictamen de lo que tengo muy claro, pensado, sentido, analizado, visto y vivido durante muchos años. Servirá de nada, pero, bueno, por lo menos he dicho de lo que sé, que ya es algo.

Espero que este escrito sirva, en la medida de lo posible, para reflexionar sobre este tema, tan controvertido y a la vez tan importante.

Reflexión final

18. Índice

19. Otros libros escritos por José Luis Sánchez-Garrido y Reyes

(a 31 de mayo de 2023)

1. *El olivo, prodigio hasta morir*. Año 2004. Ediciones Osuna (Granada). Escrito junto a Federico Moldenhauer (de este libro estimo que se han efectuado un total de 6000 ejemplares).

2. *La verdadera verdad del abonado del olivo en riego por goteo*. Año 2005. Ediciones Osuna. Escrito junto a F. Moldenhauer. Está en internet y ha tenido más de 60 000 visitas. Su uso es habitual en cursos de formación.

3. *Antequera, recuerdos del ayer*. Año 2005. Ediciones Osuna. En total, 1000 ejem-

plares. Con la colaboración de Federico Moldenhauer. Se puede leer en internet en mi blog.

4. *Aparte de soñar nos queda el mundo*. Año 2005. Impreso por Talleres AGM, Arroyo de la Miel (Málaga), bajo el cuidado de Mavi León (libro de poesías). Junto a Carmen Requena.

5. *Antequera, otra vez*. Año 2008. Publicado por el Ayuntamiento de Antequera.

6. *Herogra, empresa centenaria*. Año 2016. Con el que se celebraba el primer centenario de la empresa, donde el autor era gerente y coordinador general del grupo. Libro de regalo a clientes.

7. *Estrategias de ventas en el sector fertilizantes*. Año 2018. Editorial Osuna. Es un libro de referencia en el sector.

NOTA: Los libros reseñados hasta aquí están actualmente agotados; los que siguen son todos editados por la misma editorial en Antequera y no se agotan porque se editan de forma continua a demanda. Se pueden pedir a librerías de Antequera, a la propia editorial o bien a plataformas como Amazon, Casa del Libro y Agapea.

Las portadas de los libros, a partir del 9 incluido —salvo el 20 y 21—, han sido confeccionadas por «enefecto.es» (Alcalá de Guadaíra), empresa de mi hijo José Luis Sánchez-Garrido García.

8. *Callejeando por Antequera*. ExLibric, junio 2020. Presentado en Antequera, calle Merecillas 28, en noviembre de 2020.

9. *La conquista de la Antequera musulmana*. ExLibric, 2020.

10. *Barbate, Barbate*. ExLibric, 2020. Presentado en Barbate, en Recinto Cultural El Matadero, el 20 de agosto de 2021 (demorado antes por la pandemia).

11. *Historias y leyendas de mi Antequera*. ExLibric, 2020.

12. *Mis lamentables y tristes poemas*. ExLibric, 2020.

13. *Yo no vendo, me compran*. ExLibric, 2020.

14. *El gerente, un puesto no recomendable*. ExLibric, 2020.

15. *Las últimas mantas de Antequera*. En colaboración con Manuel Salazar Cobos. ExLibric, 2020.

16. *Antequera, Venecia, Barbate*. ExLibric, 2021. Historia real con toques de humor de unas vacaciones.

17. *Antequera santa*. ExLibric, 2021.

18. *Fermín Requena. Poeta de la historia*. ExLibric, 2022.

19. *Antequera napoleónica.* ExLibric, 2022.

20. *Abonado disruptivo del olivar de secano* (coautor: Pablo Ramos Pedregosa). ExLibric, 2022.

21. *El desolador cierre y abandono de la iglesia y convento de Madre de Dios en Antequera.* ExLibric, 2023.

Sobre el autor

José Luis Sánchez-Garrido y Reyes. Antequerano de nacimiento (1944) y de corazón, estudió para Ingeniero Técnico Agrícola en Sevilla, obteniendo el número uno de su promoción. Entró como becario en Esso Amoniaco Español. A los 31 años, fue nombrado Jefe de la División de Abonos Líquidos y Productos Especiales de S. A. Cros para toda España. Fue pionero y promotor de los abonos complejos líquidos en España, y de su aplicación en riego por goteo, donde investigó y desarrolló los mismos y su divulgación por todo el país. Es considerado «el padre de los abonos líquidos en España» y es reconocido a nivel internacional. Ha recibido numerosas visitas y comisiones de otros países interesándose en el tema, donde España ocupa un lugar destacadísimo a nivel internacional. Ha viajado por toda España, así como por muchos países fuera de nuestras fronteras, fundamentalmente por Estados Unidos, Francia e Italia, alcanzando un gran bagaje técnico en sus más de 50 años de experiencia en fertilizantes.

Durante casi 25 años ha sido Gerente de GRUPO HEROGRA, corporación absolutamente implicada en desarrollos tecnológicos y una de las más importantes de España en el sector. Ha diseñado fábricas de fertilizantes y dirigido su construcción, ha puesto en circulación multitud de nuevos productos y ha dirigido la fabricación de maquinaria de abonos líquidos totalmente novedosa. Ya jubilado, se dedica totalmente a su actividad de escritor. Ha publicado numerosos libros de temas técnicos, así como de su tierra, Antequera, donde reside en la actualidad y que siempre ha añorado. Tiene la Medalla de Oro del Sindicato Español de Escritores. En 2007 se le concedió el «Efebo de Antequera», y posteriormente el Ayuntamiento de Albolote le brindó un reconocimiento institucional por su trayectoria. Su mayor logro y alegría, dice, es tener una familia maravillosa.

www.ingramcontent.com/pod-product-compliance
Lightning Source LLC
LaVergne TN
LVHW050338160826
845677LV00014B/3676

* 9 7 8 8 4 1 9 8 2 7 3 4 0 *